La fureur de vivre

HUBERT

REEVES

La fureur de vivre

ÉDITIONS DU SEUIL
57, rue Gaston-Tessier, Paris XIXe

Sommaire

Prologue 11

1. Ça veut dans le monde 17

2. Ça peut. Le déploiement de la structuration 23

3. Qu'est-ce que vivre ? 47

4. La durée de la biogestation sur la Terre 59

5. L'optimisation des structures vivantes 69

6. Ça coûte et ça donne 87

7. Ça risque 103

8. Responsabilité 115

Voici l'image qui m'a donné envie d'écrire ce livre. J'ai été vivement impressionné par la tension qui se dégage de ce couple de gnous mâles s'affrontant pour gagner une femelle. Cette activité les inclut dans une histoire qui prend sa place dans un contexte cosmique se poursuivant sur tous les continents et dans toutes les mers. Elle a pour résultat la permanence de la vie sur Terre depuis plus de trois milliards d'années. Ces gnous, tout occupés à leur puissante pulsion, bien sûr n'en savent rien. Mais grâce aux recherches astronomiques, nous avons découvert ce lien profond entre leur geste et le ciel étoilé auquel ils doivent leur naissance. Cette prise de conscience est l'un des plus beaux cadeaux des astronomes.

Tout aspire et s'efforce à l'existence et, si possible, à l'existence organique, c'est-à-dire à la vie et, une fois éclose, à son plus grand essor possible.

Arthur Schopenhauer
Le Monde comme volonté et représentation

Prologue

Ce livre est une invitation à regarder le monde comme un lieu où s'exerce une formidable *volonté de vivre*. Une invitation à considérer l'immense bourdonnement qui s'en dégage comme une réalité primordiale qui s'impose à nous et autour de laquelle gravitent et s'organisent les connaissances de la science.

Il s'agit d'un regard volontairement dirigé vers cet aspect du monde en convenant de rester au plus près des faits. Ne s'imposer aucune cohérence, aucune logique, aucune rationalité *a priori*. Le but est d'éviter les interférences avec les idéologies variées qui, trop souvent, ont entaché ce type de réflexion.

J'y ai ajouté des images qui illustrent le propos. Une sorte de diaporama de nos origines. Ces photos parlent de ce monde dans lequel nous existons. L'exercice recommandé consiste à les contempler longuement pour bien les percevoir. Pour s'imprégner de ce qu'elles racontent. Parce qu'elles touchent non seulement nos idées mais aussi nos émotions: c'est de nous tout entiers qu'il s'agit.

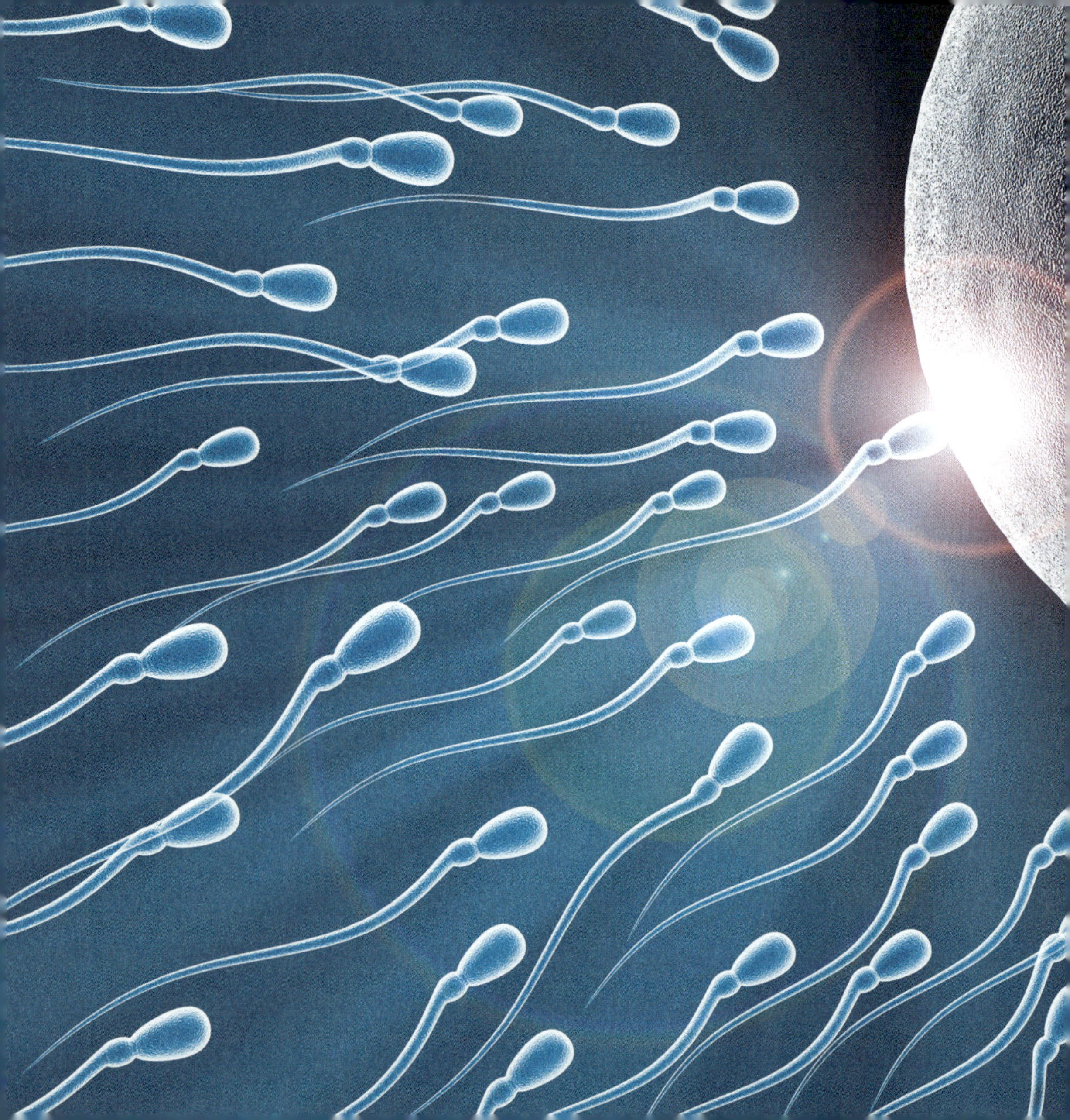

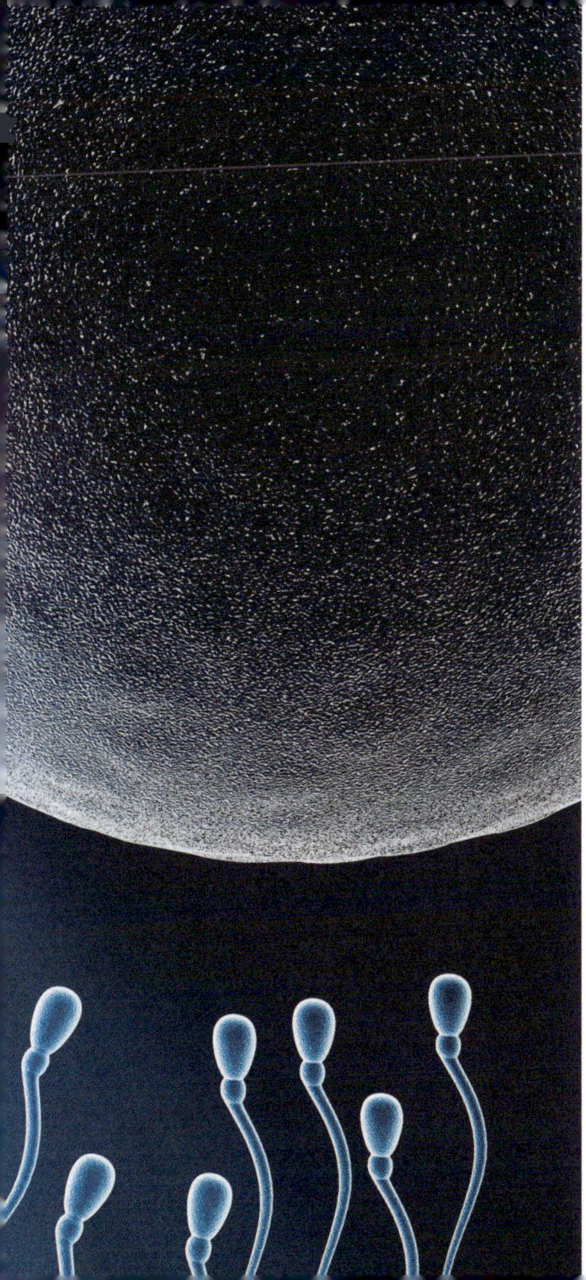

Le ventre féminin, où cette scène se passe, est un des hauts lieux de la fertilité cosmique. C'est le moment où un être humain va sortir du néant et entrer dans l'existence.

Vous voilà toutes et tous, lectrices et lecteurs, conviés à ce spectacle au cours des pages à venir. Mon but est d'alimenter les réflexions autour de ce grand et tragique mystère de notre existence.

L'idée m'est venue du titre d'un livre du philosophe allemand, Arthur Schopenhauer, *Le Monde comme volonté et comme représentation* (1819). « Le monde comme volonté... » J'ai longtemps cherché à en comprendre le sens. Je présente ici ce que j'en ai retenu.

*

Un avertissement : les *faits* évoqués ici rencontrent l'assentiment de mes collègues scientifiques, mais ne s'accordent pas nécessairement avec leurs *interprétations* de ces faits. Les débats se poursuivent...

L'avenir de la lignée s'assure bruyamment dans u marécage. Ce geste universel de l'accouplement man feste l'impérieuse volonté de la vie de perdurer dar l'existence. Résultat : depuis plus de trois milliarc d'années, malgré de nombreux épisodes d'extinctior massives, la vie se perpétue partout sur la Terre.

1.
Ça veut dans le monde

Il est des constatations si évidentes, si flagrantes, qu'on finit par ne plus les percevoir. Je parle de la présence et de la puissance de la vie en nous, dans tout notre être et jusque dans nos parties les plus intimes.

Notre cœur bat sans relâche, le sang circule silencieusement dans nos veines et nos artères : nous pouvons le sentir juste à la base du pouce. L'obscure conscience de cette formidable volonté de vivre est peut-être la donnée la plus immédiate, la plus intense de notre relation au monde. Une réalité indiscutable qui conditionne notre durée dans l'existence.

*

Au plus profond des abîmes océaniques comme sur les sommets glacés des plus hautes montagnes, au milieu des déserts les plus arides, dans les lacs, même acides ou alcalins, au sein des strates rocheuses de l'écorce terrestre, la vie est là. Elle est partout. Elle résiste, s'épanouit, se multiplie fidèlement depuis des centaines de millions d'années. Les photographes des abîmes océaniques rapportent des images d'êtres vivants bien plus étranges que celles de nos rêves les plus fous.

Voyez dans le ciel ces magnifiques migrations d'oiseaux, oies sauvages ou grues, qui passent en formation triangulaire, corps allongé et bec obstinément pointé vers l'avant. Sachant que ces oiseaux traversent des continents entiers, quiconque observe pendant des heures leurs vagues successives ne peut s'empêcher d'en être vivement impressionné. Ainsi la sterne arctique, que dans le passé j'ai souvent vue survoler la Loire, parcourt de l'hémisphère Nord à l'hémisphère Sud et retour environ 38 000 kilomètres par an. Quatre mois de voyage pour rejoindre l'aire d'hivernage, autant pour regagner l'aire de nidification : avec chaque fois une même détermination, sans faille.

*

La vie habite plusieurs milliards de tonnes de matière à la surface de notre planète et sa variété s'étend à plusieurs millions d'espèces. Tout cela provient, selon les biologistes, d'une seule sorte d'organisme biologique appelé LUCA (*Last Universal Common Ancestor*), qui a vécu il y a un peu plus de trois milliards d'années. Le déploiement vertigineux des descendants de cet ancêtre pour atteindre une telle masse et se diversifier aussi amplement illustre bien la puissance capable de se perpétuer presque n'importe où – sur notre planète au moins – jusque dans des conditions extrêmes, comme le montrent les découvertes des organismes appelés extrémophiles, qui arrivent à survivre dans les profondeurs terrestres et même dans le vide interplanétaire accrochés aux sondes spatiales.

Ça veut quoi ?

Exister !

Durer !

Se perpétuer !

Vivre !

J'ai eu souvent l'occasion de contempler dans le ciel du grand Nord québécois ces immenses vols d'oies sauvages, dessinant des figures en forme de V. La tête rigidement tendue vers l'avant, ces oies volent pendant des semaines entières, bravant le vent, le froid et la tempête pour rejoindre leurs aires de nidification, distantes de milliers de kilomètres, et s'accoupler pour la poursuite de la lignée.

2.
Ça peut
Le déploiement de la structuration

Comment la matière cosmique primordiale s'est-elle progressivement organisée pour donner naissance à des êtres de plus en plus complexes, atomes, molécules, cellules, plantes et animaux ?

*

Quelle est l'origine de ce « pouvoir » ? Comment est-il apparu dans le cosmos ? Pour répondre à ces questions, nous allons faire appel à nos connaissances scientifiques sur l'histoire de l'univers.

Elles nous décrivent le comportement des forces et des énergies qui ont permis à la matière de s'organiser. Ainsi la vie a pu apparaître, se développer et s'enrichir jusqu'à ses états les plus complexes, ceux où se manifestent l'intelligence et la conscience, ultimes éléments du vouloir.

Il s'agit d'une démarche où la question de l'origine de la vie est replacée dans un cadre général incluant non seulement la biologie traditionnelle mais aussi la cosmologie, depuis les premiers temps du cosmos.

Cette image nous présente l'aspect de l'Univers peu de temps après sa naissance : un magma incandescent porté à des températures extrêmes. Les couleurs indiquent les températures de la matière cosmique : le rouge pour les plus chaudes, le bleu pour les plus froides. On n'y trouve aucune des structures que nous lui connaissons aujourd'hui : ni galaxies, ni étoiles, ni atomes, ni molécules. Les forces qui organiseront plus tard la matière cosmique tout au long des ères suivantes sont alors neutralisées par la chaleur.

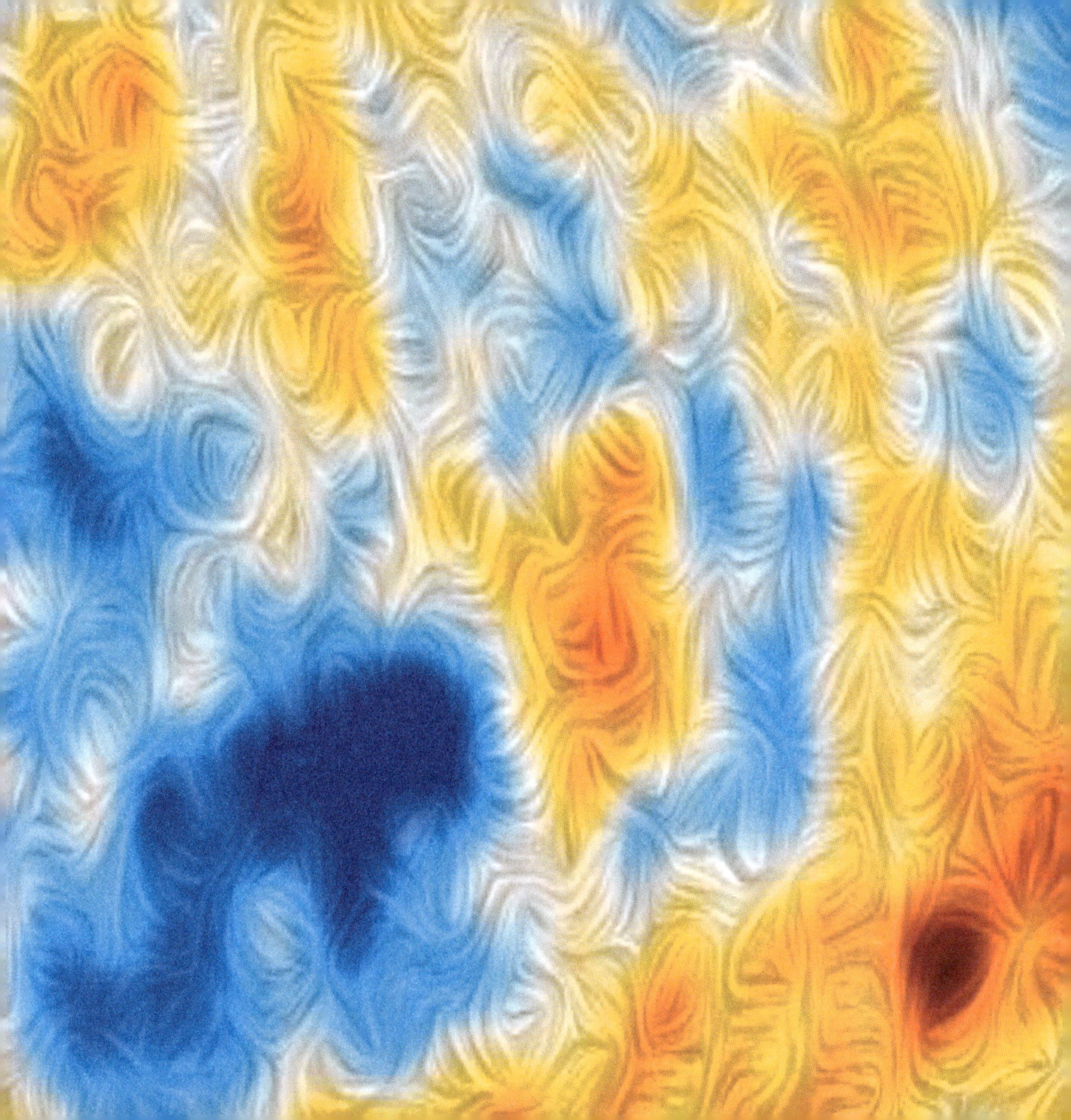

*

La détection du rayonnement fossile en 1965 est un événement majeur de la science contemporaine. Son image (figure p. 25) a bouleversé pratiquement tous les aspects de nos connaissances. On n'en finit pas d'en découvrir et d'en mesurer les implications sur la pensée humaine. Cette image nous présente une vue de notre Univers dans son très lointain passé, il y a environ quatorze milliards d'années. C'est la plus vieille image du monde.

Le message de ce rayonnement fossile confirme un scénario qui avait été suggéré par les observations d'Edwin Hubble vers 1930 : les galaxies (figure p. 29) s'éloignent les unes des autres ; l'univers est en expansion.

De là est née la théorie du Big Bang, universellement acceptée par la communauté des astrophysiciens. Cette théorie nous apprend que l'univers des premiers temps était constitué d'une matière gazeuse à température extrêmement élevée, dans laquelle, à cause de la chaleur, aucune structure ne pouvait se former.

Puis, au long du refroidissement du cosmos, les diverses forces prennent du service (figure p. 32) et, selon leur puissance respective, jouent chacune leur rôle spécifique. Nous en constatons les résultats : l'Univers se peuple d'innombrables structures (figures p. 30) de toutes dimensions. La pyramide de la complexité (figure p. 32) en présente les grandes étapes.

L'Univers

des premiers

temps

est un magma

instructuré

Les galaxies sont formées par l'action de la force de gravité sur le magma primordial. Elles sont les lieux où la structuration de la matière peut se poursuivre, à des échelles de plus en plus petites, sur des planètes en orbite autour d'étoiles.

Histoire de l'Univers

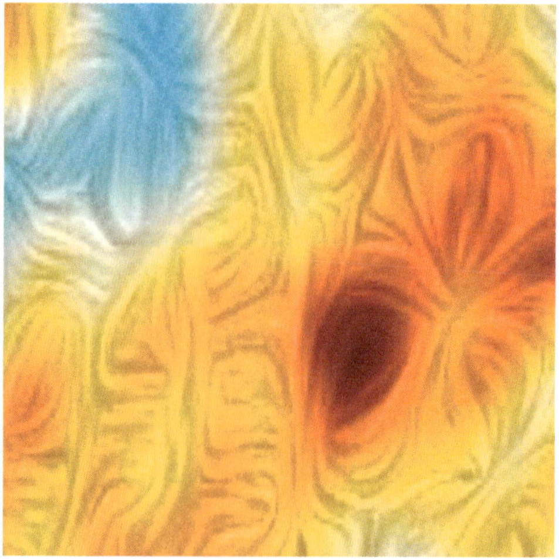

Comment passe-t-on de ça à ça ?

Dans la tête de ce bel enfant se trouve la structure la plus complexe à notre connaissance : le cerveau humain, fruit de quatorze milliards d'années d'évolution cosmique avec ses phases galactique, stellaire et planétaire.

La pyramide de la complexité s'érige au cours des âges

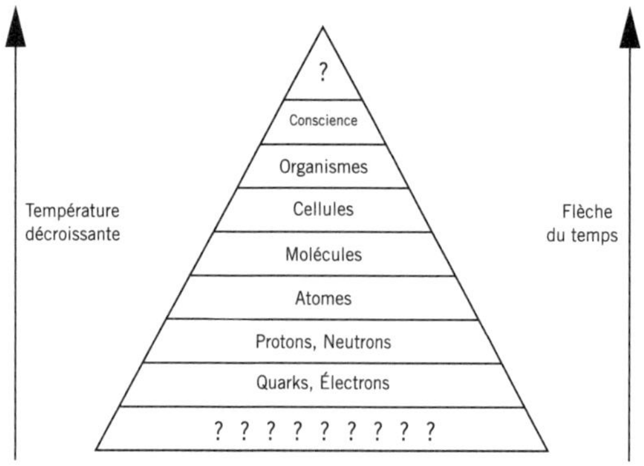

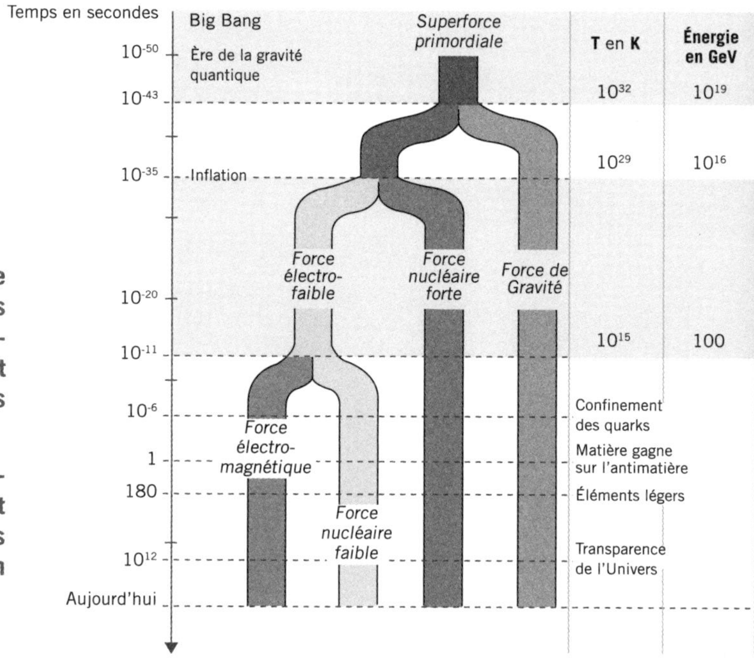

En haut à gauche : La pyramide de la complexité représente différentes structures dans leur ordre de complexité (de bas en haut), qui est aussi leur ordre d'apparition dans le cosmos.

Ci-contre : Dans ce schéma, qui représente l'historique du déploiement des forces dans l'Univers, le temps s'écoule de haut (le Big Bang) en bas (aujourd'hui).

*

Voici un bref résumé de l'œuvre de chacune des forces :

La gravité

Elle est responsable de la formation des étoiles et des galaxies à partir de la matière cosmique primordiale. Elle est aussi la source de l'énergie thermique qui permet l'avènement de la force nucléaire pour former les noyaux atomiques, et, plus tard, les atomes.

La force nucléaire forte

Elle intervient à deux périodes différentes.

Aux premières millisecondes du Big Bang, elle associe les quarks en nucléons (protons et neutrons) qui formeront la matière du magma primordial.

Plus tard, au cœur des étoiles, elle fabrique les noyaux atomiques, de l'hélium à l'uranium.

La force nucléaire faible

Par la – très lente – transmutation des protons en neutrons dans les cœurs stellaires, elle assure la longévité des étoiles. De longues durées sont nécessaires pour permettre l'apparition et le fonctionnement des phénomènes vitaux : le Soleil a déjà près de cinq milliards d'années.

La force électromagnétique

Au cœur du Soleil, elle transforme sa masse en lumière. Dans l'espace, elle associe les noyaux en atomes et en molécules variées. Elle gouverne le fonctionnement de la vie.

*

Les connaissances astronomiques contemporaines nous permettent de reconstituer l'évolution de la matière cosmique au cours des milliards d'années de son refroidissement depuis le Big Bang. On peut en établir une chronologie approximative.

Elle est représentée ici sous la forme d'une pyramide (figure p. 32) qui dispose les différents types de structures complexes en fonction de leur ordre d'apparition dans le cosmos. On note que chaque étage de la pyramide est occupé par des structures composées d'une combinaison d'éléments provenant de l'étage inférieur. Et que ces structures composent elles-mêmes les éléments de l'étage supérieur. Ainsi les cellules vivantes sont constituées de molécules qui sont elles-mêmes composées d'atomes. C'est la règle générale qui accompagne la croissance de la complexité cosmique, des quarks jusqu'aux cellules vivantes.

Les lieux d'apparition de ces structures sont les suivantes : les noyaux atomiques naissent dans les étoiles, les molécules dans l'espace interstellaire et sur les planètes, les cellules vivantes sur la Terre (à notre connaissance...).

Pourquoi cette forme pyramidale ? Pour illustrer le fait que les différentes formes de matière complexe sont progressivement plus rares à mesure que l'on s'élève dans l'échelle de la complexité. Tel que prévisible par le fait que l'évolution se fait du moins complexe vers le plus complexe et que les conditions physiques requises pour monter dans cette gradation sont de plus en plus exigeantes et donc plus rarement atteintes.

*

Le cosmos est notre maison, nous y sommes entrés à notre conception. Nous savons que s'y sont élaborés les constituants de notre merveilleux corps humain qui nous permet de prendre conscience de notre existence. Avec nos télescopes, nous pouvons observer les lieux (figures p. 29, 37, 40-43) où se sont passées les différentes étapes d'une très longue histoire : la construction de ce qu'on peut appeler l'infrastructure de la conscience.

Dans ces nébuleuses interstellaires, des étoiles nouvelles se forment continuellement. Elles sont ensuite éjectées dans l'espace pour débuter leur métier de génératrice d'atomes. Les structures en forme d'éperons visibles sur les flancs des nébuleuses sont les lieux d'éjection (accouchement!) d'étoiles.

La première phase de la structuration de la matière cosmique nous est accessible via l'observation de collisions de galaxies (figure p. 41). Celles-ci donnent lieu à de puissantes condensations de matière cosmique qui déclenchent la formation d'une grande quantité d'étoiles géantes. Elles sont visibles comme des nébulosités bleues entourant les noyaux blanchâtres au centre des deux galaxies.

À la fin de leur vie, les étoiles massives explosent en supernovas (figure p. 40). Véritables laboratoires de physique nucléaire, ces étoiles engendrent une large distribution d'atomes dont elles fertilisent les nébuleuses galactiques où naissent les systèmes planétaires avec leurs planètes. Elles sont les principales sources de fer dans l'Univers mais aussi de métaux lourds comme l'or, l'argent, le platine et le plomb. Un haut lieu de la fertilité cosmique...

*

Lorsque le cœur de ces étoiles géantes bleues atteint quelques dizaines de millions de degrés, des atomes nouveaux sont engendrés par des réactions thermonucléaires. Ces étoiles sont les principales productrices d'atomes d'oxygène dans l'Univers. Or la masse de notre corps humain comprend environ soixante-cinq pour cent d'oxygène.

Les différents atomes qui constituent la substance de tous les organismes de notre Univers ont été élaborés dans différentes familles d'étoiles : naines, géantes bleues, géantes rouges, supernovas.

En haut à gauche : Les supernovas, haut lieu de la fertilit
cosmique.

Ci-contre : Les collisions de galaxies sont fréquentes dan
l'Univers. Leurs noyaux sont visibles en blanc. Sous la vio
lence du choc, leurs nébuleuses sont soumises à d'énorme
pressions. Elles s'effondrent et provoquent la formation d
quantités d'étoiles massives appelées « géantes bleues »
visibles en bleu autour des deux galaxies.

Cette constellation (Orion) est visible dans le ciel nocturne, à l'est, peu après le début de la nuit, à la fin de l'automne et en hiver. Au centre de la constellation, trois étoiles géantes bleues dessinent la ceinture du géant Orion. Elles préparent activement des moissons d'atomes de carbone, d'azote et d'oxygène, les atomes de la vie. Le demi-cercle rouge qui entoure partiellement la constellation provient de l'accumulation des débris d'étoiles défuntes qui ont habité cette constellation et ont explosé ensuite en supernovas. Ainsi nous avons devant les yeux les étapes de la construction des atomes dont nous sommes constitués ; nous sommes des poussières d'étoiles.

Grâce aux étoiles, l'Univers s'enrichit en atomes fertiles

Dans notre ciel nocturne, les trois étoiles formant la ceinture d'Orion, bien visibles à l'œil nu par les belles nuits d'automne ou d'hiver, sont des géantes bleues (figure p. 43). Elles s'appellent Alnilak, Alnilam et Mintaka. Maintenant que vous savez le rôle de cette famille d'étoiles dans votre existence, vous leur accorderez peut-être un regard nouveau…

D'autres étapes de cette structuration impliquent la formation de planètes, chacune soumise au rayonnement de l'étoile autour de laquelle elle orbite. Aux températures tièdes de leurs surfaces, des éléments chimiques comme le carbone, l'azote et l'oxygène peuvent mijoter pendant des centaines de millions d'années pour s'associer et donner naissance à des organismes vivants.

Ces atomes seraient parvenus à la Terre par les pluies de comètes qui ont bombardé notre planète peu après sa formation (figure p. 65).

*

Ces images successives, d'abord celle du rayonnement fossile, puis des collisions de galaxies et ensuite de ces étoiles géantes bleues, nous permettent d'observer les premières étapes de cette merveilleuse épopée cosmique qui, à partir de la matière informe de notre univers primordial, a lentement grimpé les étapes de la structuration pour atteindre les sommets de la complexité cosmique contemporaine.

L'Univers
contemporain
est richement structuré
à toutes les dimensions

3.
Qu'est-ce que vivre ?

La vie est un phénomène à multiples facettes qui se décrit au mieux au travers de l'ensemble de ses propriétés. C'est l'état le plus évolué de la matière, celui où le vouloir peut se déployer de la façon la plus subtile et la plus efficace. Un état qui n'est acquis qu'après une longue gestation requérant des conditions très spéciales. Peut-être est-ce là l'explication de son apparente rareté dans l'Univers (figure p. 57).

Le voyageur qui, arrivant en gare de Genève, descend ensuite l'avenue du Mont-Blanc vers le Lac Léman, voit apparaître dans le ciel le fameux jet d'eau qui s'élève au-dessus du lac (figure p. 49). Je ne me lasse pas de regarder sa forme altière et gracieuse. À chacun de mes passages à Genève, je le retrouve avec plaisir. Il est pour moi une image de stabilité.

Attardons-nous un peu sur la forme de ce jet. Cette analyse nous sera très utile pour illustrer la différence entre la matière vivante et la matière inerte. Le jet possède avec la vie des analogies intéressantes.

De quoi le jet est-il constitué ? D'un grand nombre de molécules d'eau en mouvements rapides. Chacune ne l'habite

Le jet d'eau du Lac Léman à Genève. Une forme de stabilité dynamique.

qu'un court instant : le temps de s'élever dans l'espace et de retomber. Sa stabilité ne dépend pas d'une énergie de liaison entre des constituants atomiques mais d'une succession de gouttes d'eau projetées continuellement dans l'espace.

Cette forme de stabilité dynamique d'une structure à laquelle aucun atome particulier n'appartient, mais dans laquelle, par leur passage même, ces atomes constituent le jet, nous paraît adaptée à décrire la vie. Dans nos corps, un grand nombre de molécules ne transitent que le temps d'accomplir une fonction, par exemple celle de déposer de l'énergie. Cela illustre le fait que la différence entre la matière inerte et la matière vivante, c'est le développement au sein de cette dernière des fonctions fondamentales permettant à la vie de persister dans l'existence.

*

Pendant des années, j'ai eu, près de mon lit, un grand aquarium. Je regardais longuement, avant de m'endormir, le spectacle du déroulement de la vie dans cet espace lumineux. J'observais en particulier le comportement de deux petits poissons, des guppies, qui se déplaçaient toujours ensemble.

Un matin, j'ai eu la désagréable surprise de constater que l'un d'eux était mort. Il flottait, ventre en l'air, à la surface de l'eau. Son compagnon nageait, en attendant les granulés que je me préparais à lui servir. J'avais devant moi deux structures composées d'atomes et de molécules identiques. Rien dans leurs configurations atomiques respectives n'aurait permis de les distinguer. Seul leur comportement nous l'indiquait.

L'avenir du poisson mort est de se décomposer selon les lois de la physico-chimie ; l'avenir du poisson vivant est de chercher sa nourriture pour continuer à vivre et de trouver un partenaire pour prolonger sa lignée. Ces deux ensembles d'atomes n'ont plus le même programme, le même emploi du temps, pour les jours à venir.

*

Le problème de l'émergence de la vie sur Terre réside en grande partie là justement : un groupe d'atomes, soumis au départ aux seules lois de la physique, a été soumis à une nouvelle législation qui s'exprime en termes de fonctions vitales originales. Cette contrainte, qu'impose la volonté de persister dans le temps, s'est transmise de génération en génération avec les résultats éblouissants que nous observons aujourd'hui tout autour de nous.

Nous ne savons encore presque rien des évènements qui ont accompagné l'entrée en vigueur de cette puissante législation du « vouloir perdurer » sur notre planète, s'ajoutant aux lois initiales de la physique. Où ? Quand ? Comment ? Pourquoi ?

*

On peut aussi définir la vie par opposition avec la composition de la matière inerte. Une molécule de sucre de table est entièrement spécifiée par sa composition atomique : des atomes de carbone, d'oxygène et d'hydrogène, dans une configuration géométrique spécifique. Si on retire un seul atome de la structure de cette molécule, ça n'est plus une molécule de sucre.

À l'inverse, un chat peut perdre des poils, il reste toujours un chat. Et même s'il perd sa queue. De même nous pouvons perdre un bras… mais pas la tête. Là se situe la tour de contrôle qui régule toutes les fonctions qui assurent la permanence de notre vie.

*

En fait, dans un vivant, des atomes circulent continuellement de l'extérieur vers l'intérieur et à nouveau vers l'extérieur : en respirant, nous faisons entrer dans nos poumons de l'oxygène chargé d'énergie, et nous rejetons du gaz carbonique qui en a beaucoup moins. Il en va de même pour la nourriture et les matières fécales.

Cette circulation est nécessaire pour importer de l'énergie et permettre au vivant d'accomplir les fonctions qui lui sont imposées par sa nature même : se nourrir et se reproduire pour durer et se perpétuer. Pendant notre vie, l'ensemble de nos atomes se renouvelle plusieurs fois sans que notre identité personnelle change.

*

À de nombreuses reprises, en étudiant les propriétés des lois de la physique, on a découvert avec étonnement que si elles étaient différentes, même très légèrement, la matière n'aurait jamais pu accoucher ni de la vie ni d'aucun système complexe. L'Univers serait resté stérile.

L'interprétation de cette information a donné lieu à de nombreux débats autour de ce qu'on a baptisé le « principe anthropique ». Que nous apprend-elle sur la nature de la réalité ? Le message qu'elle contient en puissance reste encore largement non élucidé.

*

Sur le sujet de la vie dans l'Univers, le tour de nos connaissances est vite fait. On connaît une planète, la nôtre, où la vie se maintient depuis près de quatre milliards d'années, soit à peu près le quart de l'âge de l'Univers. Elle apparaît un peu

La matière est accueillante pour la vie

moins d'un milliard d'années après la formation du Soleil et du Système solaire. Elle a une profonde influence sur bon nombre de phénomènes qui se succèdent sur la Terre comme l'évolution de son atmosphère et de son sol.

*

Mais un regard sur le reste du Système solaire nous envoie une image bien différente. Les surfaces des autres planètes présentent des paysages de caillasses désertiques. On n'y voit qu'une interminable succession de cratères de toutes dimensions, souvent encastrés les uns dans les autres (figure p. 57). Tous les efforts pour recevoir des messages radio provenant d'autres habitants de l'Univers se sont jusqu'ici avérés vains.

Qui veut défendre l'idée que la vie est une forme avancée de la matière cosmique devrait pouvoir fournir une explication à son apparente rareté, du moins dans notre voisinage astronomique. L'explication est peut-être, tout simplement, que les conditions physiques favorables à l'apparition de la vie sont excessivement rares dans l'Univers. Mais elles ne sont pas totalement absentes. Nous en sommes la preuve vivante !

*

Parmi les espèces animales, nous, les humains, sommes remarquables par plusieurs aspects : le langage, la curiosité,

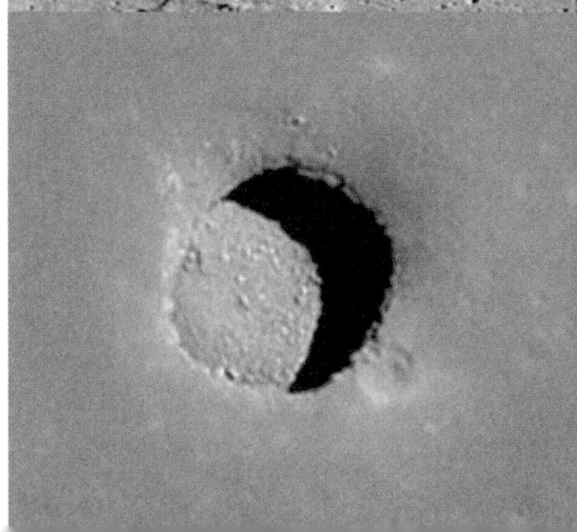

La vie est totalement absente du sol lunaire.

la créativité, ces avantages qui atteignent chez nous de hauts degrés, sans oublier l'esprit et la passion pour l'innovation. Pour paraphraser Charles Baudelaire : « L'Univers est égal à notre vaste appétit. »

En plusieurs sens, on peut considérer notre espèce, munie de l'intelligence et de la conscience, comme située à l'avant-garde de cette progression de la structuration dans l'aventure cosmique. Mais cela n'est pas sans causer de problèmes.

*

Un argument supplémentaire de notre importance est que, triste et douloureux privilège, nous sommes les seuls à pouvoir, par notre puissance, mettre en péril la flore et la faune sur la Terre. Ce sujet sera repris au septième chapitre.

Nous sommes à la fois le Shiva (destructeur) et le Vishnu (protecteur) de la tradition hindouiste.

4. La durée de la biogestation sur la Terre

Grâce à Pasteur et à ses expériences géniales, on a compris que la « génération spontanée » n'est pas possible en laboratoire. Seuls les êtres vivants peuvent donner naissance à d'autres êtres vivants. Contrairement à l'opinion des siècles antérieurs, les souris ne naissent pas spontanément dans les torchons sales. Mais s'est alors posé le problème suivant : si, dans les conditions actuelles, la génération spontanée est exclue, quand et comment la vie est-elle apparue sur la Terre ?

Ce n'est qu'au XIXe siècle qu'on a pris conscience de l'ampleur des périodes de temps propres à l'histoire de l'Univers et de la Terre. Il ne s'agit plus seulement de quelques milliers d'années comme dans la tradition biblique. Les découvertes géologiques et paléontologiques impliquent parfois des millions et des milliards d'années. Par exemple, les plantes à fleurs sont apparues sur Terre il y a plus de cent trente millions d'années.

*

Regardons-y de près. Un des grands problèmes liés à l'apparition de la vie sur Terre se situe dans l'estimation des temps requis pour passer de la matière inerte à la matière vivante, à savoir une substance qui possède tout l'arsenal biochimique nécessaire pour se reproduire elle-même et débuter la grande aventure de l'évolution biologique.

La Terre est née il y a 4,5 milliards d'années. Elle se présente au début comme une boule de lave incandescente et stérile. Sa température est supérieure à mille degrés. Aucune vie ne peut se constituer dans ces conditions.

Moins d'un milliard d'années plus tard, elle s'est refroidie, l'eau est devenue liquide et des réactions biochimiques ont donné naissance à la vie. La surface de la Terre est couverte de nappes d'eau tiède, foisonnant de microscopiques organismes vivants.

Le temps requis pour cette biogestation est donc inférieur au milliard d'années. Cette limite est-elle compatible avec nos connaissances actuelles ?

*

La solution la plus simple et la plus immédiate à ce problème est de faire appel au pur hasard. Si on a le temps, tout peut arriver. Des singes dactylographes pourraient, en tapant au hasard, finir par écrire les œuvres complètes de Molière.

À partir d'une soupe totalement désordonnée d'atomes de carbone, d'azote et d'oxygène, combien de temps faudrait-il avant de voir se former, par le jeu du pur et simple hasard, un premier assemblage de structures capables de se reproduire ? Plusieurs auteurs se sont penchés sur cette estimation. Ils ont été stupéfaits des résultats. On l'aura deviné : les estimations sont gigantesques. Il faudrait des milliards de fois l'âge de l'Univers. Le pur hasard est beaucoup, beaucoup trop lent.

Cette évaluation de la durée de la biogestation reste aujourd'hui un problème majeur de la science contemporaine. Les progrès dans cette direction recevraient sans doute une bénéfique contribution si des formes de vies extraterrestres (des exovies) étaient découvertes. Nous comptons sur l'observation d'autres planètes du Système solaire, dont Mars et certains satellites de Jupiter et de Saturne.

*

L'échec des solutions de pur hasard à ce problème de la durée de la biogestation a conduit certains auteurs, dont l'astronome Fred Hoyle, à faire intervenir des éléments extraterrestres plus ou moins gratuits, comme des arrivées de micro-organismes (la panspermie). Sur le plan scientifique, cette solution laisse évidemment à désirer. Peut-on faire mieux ?

*

D'autres auteurs ont proposé des scénarios qui ne sont plus fondés sur un simple pur hasard mais sur la dynamique des réactions chimiques complexes.

En faisant intervenir une série d'étapes préliminaires mettant en jeu des structures de plus en plus organisées, leurs combinaisons deviennent moins aléatoires et permettent peut-être de résoudre le problème de l'émergence de la vie sur la Terre.

Un des plus fervents défenseurs de cette thèse s'appelle Stuart Kaufmann. Il cherche à montrer que dans les interactions impliquant un nombre considérable de molécules, on trouve ce qu'on pourrait appeler des tendances de la matière à s'organiser spontanément. Ce qu'il appelle l'« ordre gratuit », précédant les effets de la sélection naturelle à la Darwin.

*

Le biologiste israélien Addy Pross, pour sa part, fait appel à un phénomène chimique particulier : l'« autoréplication », par lequel une molécule sert à se reproduire elle-même par catalyse. Cette technique d'« autocatalyse » peut accélérer considérablement le taux de formation d'une substance donnée.

Ce sujet est bien développé dans le livre de Thomas Horgan, *The End of Science*. On notera que la plupart des auteurs de tels scénarios ont une piètre opinion sur ceux proposés par leurs collègues (et rivaux...), ce qui, en soi, n'est ni inhabituel ni rédhibitoire en science. Cela signale généralement que la bonne réponse est encore loin dans les brumes.

*

En 1953, deux chercheurs américains, le biologiste Stanley Miller et le chimiste Harold Urey, réalisent une expérience dont le résultat aura une influence importante sur la question de l'origine de la vie. Pendant une semaine, ces scientifiques exposent un bocal rempli d'eau et de quelques molécules simples contenant des atomes de carbone, azote, hydrogène, oxygène (comme le méthane et l'ammoniac : les briques de la vie) à d'intenses décharges électriques.

Au terme de l'expérience, ils observent que le liquide a pris une couleur brunâtre et une odeur pharmaceutique. L'analyse chimique montre qu'un grand nombre de nouvelles molécules se sont formées dont certaines ne se retrouvent naturellement que dans la matière vivante. Ce qu'on appelle des molécules bio-organiques. Bien sûr, ces molécules ne sont pas vivantes au sens strict du terme. Mais on peut les considérer comme des éléments de la vie et voir leur fabrication comme une étape vers sa réalisation.

Les chutes multipliées de comètes sur la surface primitive de notre planète y ont apporté de grandes quantités d'eau et de molécules organiques. Ces apports auraient joué un rôle important dans l'élaboration de la vie primitive. On peut dire que la Terre a été *ensemencée* par des comètes. Cet été 2020, nous avons eu la chance de voir à nouveau ce spectacle grâce au passage de la comète Neowise près de la Grande Ourse.

*

La leçon que nous pouvons tirer de cette réalisation, c'est que la nature possède des recettes pour former des molécules bio-organiques bien plus rapidement qu'on ne l'a longtemps cru.

Et ces recettes ont vraisemblablement joué un rôle important dans l'apparition de la vie sur Terre. On soupçonne les comètes (figure p. 65) d'avoir joué le rôle du transport du matériel prébiotique depuis l'espace jusqu'à notre planète.

Il n'est donc pas nécessaire de faire appel au – trop lent – hasard ou à des éléments surnaturels pour expliquer l'apparition de la vie terrestre ainsi que la durée de la biogestation. En peu de mots, la nature a de nombreux tours dans son sac et beaucoup plus d'imagination que nous.

*

On doit à François Jacob l'expression « bricolage de la nature ». On sait comment l'évolution biologique transforme une feuille en une fleur, un bras en une aile, selon les besoins. On peut encore ici voir à l'œuvre cette puissante détermination de la vie à s'adapter aux changements pour poursuivre son existence.

Les jeux favoris de la Nature : la recette de la créativité

La nécessité seule
n'engendre que de la monotonie,
le hasard seul n'engendre
que du fouillis

La Nature joue
sur les deux tableaux

Elle associe le hasard
et la nécessité pour fabriquer
des œuvres toujours
plus structurées

5.
L'optimisation des structures vivantes

Des études de l'histoire de la vie sur Terre débouchent sur le constat de l'importance de certains types de phénomènes dans la croissance de la complexité. On peut les regrouper autour du mot « optimisation ». Ce sont des phénomènes qui amènent une opération spécifique à un niveau supérieur d'efficacité et de perfection. On retrouve ces phénomènes comme des éléments moteurs de la « fureur de vivre » qui caractérise l'omniprésence de la vie terrestre.

Nous allons voir deux séquences d'optimisation qui ont joué un rôle important dans l'évolution de la vie sur notre planète. Dans la première, elle augmente la qualité des sources d'énergie disponibles pour alimenter des structures de plus en plus complexes et exigeantes. Dans la seconde, elle améliore la protection du génome des plantes pour assurer l'avenir de la lignée.

On trouve de nombreux exemples d'optimisation de méthodes défensives et offensives par lesquelles chaque espèce animale apprend à se défendre mais aussi à coopérer. Ces techniques lui permettent de garder sa place au soleil dans un immense enchevêtrement de réseaux de prédation qui tissent la vie terrestre.

*

L'histoire de la concentration de l'oxygène dans l'air se raconte comme un conte. Mais un conte qui serait vrai...

Voici comment la vie recueille l'énergie du Soleil : les plantes absorbent la lumière solaire et rejettent de l'oxygène dans l'atmosphère. En respirant, nous approvisionnons nos poumons en oxygène qui, transporté par le sang, et se combinant au carbone des glucides, fournit l'énergie à l'organisme.

Presque tous les êtres vivants trouvent de la sorte le moyen de durer dans l'existence.

À l'origine, l'atmosphère primitive de notre planète ne contient pas d'oxygène libre. Elle est essentiellement constituée de gaz carbonique. La vie qui apparaît quelques centaines de millions d'années plus tard, se nourrit de ces molécules carbonées, n'en retenant que le carbone et en en rejetant l'oxygène. C'est le processus par lequel les premiers êtres vivants accroissent progressivement la concentration d'oxygène dans l'atmosphère jusqu'à atteindre les quelque vingt pour cent aujourd'hui.

Il faut savoir que la quantité d'énergie qu'on peut extraire de l'air inhalé par la respiration est proportionnelle à la concentration d'oxygène que contient l'atmosphère. Cette concentration va jouer un rôle majeur dans l'histoire des êtres vivants sur la Terre, en particulier sur leurs dates d'apparition et sur leur aptitude à atteindre des niveaux de plus en plus élevés de performances et de complexité.

*

On estime qu'avant le premier milliard d'années, la concentration d'oxygène dans l'air était inférieure à un pour cent. Cette faible dose a pourtant suffi à entretenir une vie microscopique constituée de cellules nageant dans l'océan primitif.

Il y a à peu près un milliard d'années, elle atteint trois à quatre pour cent. Cette époque correspond à ce qu'on appelle l'explosion du Cambrien, avec l'arrivée dans les nappes océaniques d'une grande variété d'êtres de plus grandes dimensions : oursins, méduses... Notons que cette vie est intégralement aquatique.

Nous connaissons une nouvelle étape il y a environ quatre cents millions d'années : la concentration en oxygène atteint alors dix pour cent. À cette époque, bon nombre d'êtres vivants, plantes et animaux, sortent de l'eau et envahissent les continents. La densité de l'atmosphère étant beaucoup plus faible que celle de l'eau, la respiration exige en conséquence une concentration plus élevée d'oxygène.

Quand les mammifères apparaissent, voici quelque cent millions d'années, la concentration d'oxygène approche les vingt pour cent d'aujourd'hui.

*

Ainsi voit-on l'atmosphère terrestre transformer sa propre composition dans un sens qui augmente sa production d'énergie et lui permet d'héberger des êtres avec des niveaux de complexité et de performances de plus en plus élevés jusqu'à permettre que puisse se dire : « J'existe. »

Merci aux premières petites cellules océaniques ! N'est-ce pas là une belle histoire ? Et vraie de surcroît...

*

Contrairement aux pierres, les plantes ne durent pas longtemps. Et par rapport aux corps célestes – planètes, étoiles, galaxies –, leur existence est vraiment très courte. Mais la nature a inventé pour elles un moyen de se pérenniser.

Tout au long de sa vie, la plante prépare les éléments qui permettront à sa lignée de se perpétuer : ses gènes, qui contiennent les précieuses informations requises pour cette transmission. Leur ensemble constitue le génome de la plante. Ces gènes sont enfermés dans une structure cellulaire qui porte le nom de spore ou de graine, selon le cas. Cette histoire s'étale sur trois ères distinctes.

Première ère. Le temps des fougères

Dans la première ère, celle des fougères (figure p. 75), ces trésors de famille appelés « spores » sont livrés sans protection aux aléas et aux risques que présente l'environnement immédiat. C'est que l'eau est indispensable pour assurer la germination. La sécheresse est une menace mortelle.

Cette ère débute il y a environ quatre cents millions d'années. Pendant cette période, les fougères, dont beaucoup étaient arborescentes, dominent le règne végétal. En même temps se prépare et se met au point une innovation qui va assurer une meilleure protection au génome : la graine.

Deuxième ère. Le temps des conifères

Il y a environ trois cents millions d'années débute la seconde ère de la végétation. Le génome y est enfoui dans un ensemble de membranes qui assurent sa protection : la graine et les cônes. On trouve alors en particulier les conifères (figure p. 77) sapins, pins, cèdres…

Cette forme végétale s'étend rapidement sur toutes les parties émergées de la planète. Elle domine la végétation terrestre pendant plus de cent millions d'années.

Troisième ère. Le temps des plantes à fleurs

Par une innovation datant d'il y a environ 150 millions d'années, on passe à une ère où les plantes à fleurs (figures p. 78-79) deviennent le moyen majoritaire de reproduction dans le monde végétal. Cette innovation est fondée sur une relation improbable entre deux familles d'êtres vivants : les insectes et les fleurs. La reproduction exige que des médiateurs spécifiques (oiseaux, insectes) transportent le génome (le pollen) d'une fleur à une autre fleur de la même espèce.

La graine est maintenant enfouie dans une structure, un fruit, qui lui sert de réserve alimentaire pendant que les racines se mettent place.

*

La nature prépare-t-elle d'autres innovations ? Certains biologistes, dont le regretté Jean-Marie Pelt, ont posé la question à propos du figuier et de son mode de floraison tout à fait particulier. Affaire à suivre.

Parmi les prodigieuses astuces utilisées par la nature pour la structuration du cosmos et la persistance du vivant, il faut compter les réactions dites de catalyse. Leur rôle dans l'évolution de la vie est primordial. Sans elles, la matière n'aurait vraisemblablement pas réussi l'exploit de réaliser l'apparition de la vie terrestre dans un temps aussi court que les quelques centaines de millions d'années estimées par les géologues (chapitre 3).

Les forêts de conifères couvrent des continents entiers : seconde ère de la vie terrestre.

En haut à gauche : La reproduction exige que des méd teurs spécifiques (oiseaux, insectes) transportent génome (le pollen) d'une fleur à une autre fleur de même espèce.

Ci-contre : Les plantes à fleurs, ici un tapis d'Anémon Sylvie au printemps : troisième ère.

*

En 1806, des chimistes étudient les propriétés d'une substance appelée eau oxygénée. Quand j'étais enfant, on en mettait sur les petites éraflures pour les désinfecter. On s'en sert aussi pour décolorer les cheveux.

Au cours d'une expérience de laboratoire, un anneau de platine est déposé dans un bocal contenant de l'eau oxygénée. On observe aussitôt une effervescence intense qui se propage dans tout le volume du bocal, amenant la dissociation complète du liquide en hydrogène et en eau pure. On note aussi que l'anneau de platine n'a été nullement affecté par le processus. Il est toujours là, intact, comme si rien ne lui était arrivé.

On a donné à ce phénomène le nom de « catalyse ». On le définit comme l'accélération d'une réaction chimique sous l'effet d'une substance (catalyseur) qui ne subit elle-même aucune transformation. Elle agit en abaissant les barrières chimiques qui contrôlent cette réaction. L'accélération de phénomènes par des catalyseurs variés est souvent cruciale au cours des processus biologiques.

*

Des réactions rapides jouent un rôle important au moment où des bactéries viennent agresser notre organisme. Le système immunitaire doit immédiatement identifier la nature

La Nature prépare-t-elle d'autres innovations?

de l'intrus et fabriquer à grande vitesse des munitions moléculaires pour l'éliminer. Tout retard pourrait être fatal. On retrouve là une des caractéristiques typiques de la vie : la nécessité de réactions de très courtes durées (se chiffrant en quelques millièmes de secondes). Un très grand nombre de catalyseurs différents sont présents chez les vivants, prêts à intervenir. Ce sont les « enzymes ».

*

Il est bon de se laisser étonner par cette extraordinaire virtuosité de la nature qu'on a souvent tendance à considérer comme allant de soi. Voici, pour l'exemple, quelques-uns des hauts faits réalisés par cette virtuose.

Les perfides lucioles

Les femelles de certaines lucioles émettent des signaux lumineux qui correspondent à ceux de l'appel nuptial d'autres espèces, ce qui leur permet d'attirer les mâles de ces espèces et de les dévorer.

Les odeurs salutaires des acacias

L'acacia, agressé par une gazelle affamée, secrète des substances âcres au goût qui dissuadent l'agresseur. En même temps, il secrète aussi des odeurs qui avertissent les acacias du voisinage pour qu'ils fassent de même.

Les cratères-pièges du fourmilion

En visitant un jour les vieilles dépendances de la ferme de Malicorne, j'ai remarqué dans le sol sableux, de curieuses structures en forme de cratères. Il s'agissait de trous circulaires de deux ou trois centimètres de profondeur pour un diamètre de quatre à six centimètres. Leurs parois formaient des cônes inversés, en pente douce, remarquablement bien dessinés. Sur la pente de l'un d'eux, une fourmi essayait vainement d'en gravir la paroi instable. Bientôt, une pincée de sable fut projetée sur la fourmi suivie d'autres pincées qui achevèrent de la déstabiliser la ramenant sans cesse vers le fond du trou. Elle finit par y disparaître, engloutie dans le sable fin.

J'ai appris par la suite qu'il s'agit là du piège tendu par un fourmilion (plus exactement par sa larve), un mot dont la consonance – fourmi-lion – fait imaginer un monstre sanguinaire tapi au fond de son antre et y attirant de malheureuses victimes. Cela me fit penser au film japonais *La Femme des sables* au scénario analogue. En fait, ce fourmilion est un petit insecte ailé, commun sous nos latitudes. Sa larve construit ce cratère-piège avec une technologie remarquable. Il lui faut donner à la pente du cratère un angle bien déterminé pour que la paroi ne s'effondre pas d'elle-même. Cet angle fatidique est connu sous le nom de l'« angle des avalanches », celui que les skieurs hors-piste redoutent par-dessus tout. Celui où la moindre perturbation de la couche de neige déclenche une avalanche qui entraîne la malheureuse victime dans sa chute.

*

On ne réalise pas assez ce dont nous héritons à notre conception – quand le spermatozoïde paternel pénètre l'ovule maternel (figure p. 12) : le corps humain (figure p. 30) est vraiment la merveille des merveilles.

Il m'arrive, quand je mange, de penser à ce qui se passe dans mon ventre. Comment mes organes digestifs parviennent à décomposer tout ce que j'ai ingurgité. À identifier chacune des milliards de molécules pour les distribuer dans toutes les parties de mon corps, selon leurs besoins. Elles atterriront à la place précise où elles sont requises pour que puissent s'effectuer au mieux les fonctions physiologiques qui me gardent en vie et me permettent de dire : « J'existe. » Et tout cela sans que j'y porte la moindre attention !

Je ne connais rien de plus fascinant que le jeu endiablé d'un pianiste virtuose sur son clavier. L'adresse avec laquelle ses doigts arrivent à jouer correctement leur partition en retombant exactement au bon endroit avec une vitesse extrême et sans la moindre erreur me laisse sans voix. Je dois souvent me convaincre que je ne rêve pas.

*

Voici un texte du grand biologiste Jean-Henri Fabre qui illustre d'une façon spectaculaire ce « savoir » de la vie, un des éléments les plus mystérieux du monde animal. Il s'agit de la liste des talents que des insectes appelés bousiers exercent spontanément pour préparer la demeure de leurs enfants. C'est à vous couper le souffle :

> Tel bousier s'établit vannier en cotonnades et tresse des corbeilles en morceaux de feuilles. Celui-ci se fait maçon, il édifie des chambres en ciment, des coupoles en cailloutis. Celui-là monte un atelier de céramique où la glaise se pétrit en élégantes amphores, en jarres et pots ventrus ; cet autre s'adonne à l'art du mineur et creuse dans le sol de mystérieuses hypogées aux tièdes moiteurs. Mille et mille métiers analogues aux nôtres, souvent même inconnus à notre industrie, sont en œuvre pour la préparation de la demeure.

*

Les humains sont inventifs. Tout au long de leur histoire, ils ont mis au point de nouvelles techniques qui leur ont permis de dominer les forces de la nature et d'améliorer leurs conditions de vie. Il est à prévoir que cela continuera encore longtemps. Aujourd'hui les prouesses de l'esprit humain se discutent souvent dans le cadre de l'intelligence artificielle.

Un des grands espoirs de l'intelligence artificielle repose sur l'aide qu'elle pourrait apporter aux personnes handicapées : améliorer ou redonner la vue aux aveugles, l'ouïe aux sourds, la mobilité aux paralysés. Cela fait partie de la brochette de « miracles » que l'on estime à la portée de ces techniques.

*

Ces prouesses de l'inventivité humaine laissent quelquefois craindre des effets inquiétants. Un projet particulièrement litigieux fait parler de lui depuis quelques années. Il s'agit de la fabrication de robots militarisés appelés « robots-autonomes-tueurs » qui pourraient prendre la décision de frapper et tuer sans requérir de jugement humain.

Des protestations contre la réalisation de ce projet se sont exprimées en plusieurs lieux, mais il n'est pas certain qu'elles seront entendues.

6.
Ça coûte et ça donne

Le prix du vouloir : la compétition, la mort, la guerre, mais aussi la rencontre, la compassion, l'amitié, l'amour.

*

Il m'arrive, quand je regarde un chat manger sa pâtée, de me dire que c'est peut-être le moment où je peux le mieux tenter de sentir ce qui se passe en lui. J'imagine que les sensations de bien-être dans sa bouche et son corps sont semblables à celles que je ressens moi-même.

Manger, cette activité (figure p. 89) qui occupe une partie si importante de notre temps est une manifestation du fait que les êtres vivants ne se suffisent pas à eux-mêmes. L'honneur qui nous a été fait d'être logés à la plus haute enseigne du royaume de la matière cosmique nous lie à cette obligation de nous procurer continuellement de l'énergie pour nous y maintenir. Et, à cette fin, de tuer animaux et plantes (figures p. 93-94, 96).

Cette loi inexorable qui impose tant de brutalités et de comportement cruels trouve ici sa motivation profonde. La vie coûte cher…

Il faut manger pour demeurer dans l’existence.

La route qui mène du magma indifférencié du Big Bang à la vie et à la conscience est souvent décrite par l'expression « l'univers prend conscience de lui-même ». Or, cette route est jonchée de meurtres et de sang.

Afin de pouvoir vivre et participer à la complexité cosmique, les vivants donnent la mort à d'autres vivants. Dans la nature, cette réalité est illustrée par la cascade de la prédation : les sardines mangent les crevettes, qui sont mangées par les manchots, eux-mêmes mangés par les otaries, etc.

Dans certaines conditions, un équilibre peut s'instaurer entre les populations des différentes espèces impliquées. Cet équilibre, nécessaire à la santé de l'écosystème, impose continuellement d'innombrables mises à mort.

*

Certains spectacles de la nature, qu'ils soient d'une extrême brutalité ou d'une grande tendresse, sont loin de nous laisser indifférents.

Des petites tortues, à peine sorties de leurs œufs, courent à toute allure dans le sable. Pendant leur course vers les vagues protectrices, beaucoup d'entre elles sont happées au passage par des hordes de frégates, de mouettes ou de goélands criards.

Des gnous en migration hésitent puis se jettent dans une rivière où des crocodiles les attendent, prêts à surgir pour les dévorer. Les eaux giclent de sang.

Mais sur le même rivage, il y a un spectacle tout différent : une maman crocodile transporte son nouveau-né entre ses dents, avec de grandes précautions, vers la rivière accueillante.

La fureur de vivre est naturellement moins marquée dans le monde végétal que dans le monde animal. Une caractéristique semble pourtant présente dans les deux domaines : la territorialité. J'ai pu constater dans les sous-bois ombragés de Malicorne les luttes entre les pervenches et les lierres terrestres pour occuper l'espace libéré par une chute d'arbre ou un défrichage.

De même la Gerbe-d'or, une grande et très jolie fleur sauvage jaune, est souvent considérée comme une « mauvaise herbe ». La vitesse avec laquelle ces plantes peuvent éliminer d'une plate-bande les diverses fleurs qui s'y trouvaient auparavant est impressionnante et les rend impopulaires chez les amateurs de jardinage. Nous en avons fait l'expérience à Malicorne, tout étonnés de les voir, au cours des années, s'installer subrepticement un peu partout dans le jardin. Maintenant nous les avons à l'œil.

Une araignée : la haute technologie de la mise à mort.

Sur une plus grande échelle, j'ai pu constater les mêmes comportements exclusifs sur l'étendue des forêts canadiennes (figure p. 77) où le domaine des épinettes noires (épicéas noirs) s'étend sur des milliers de kilomètres, ne tolérant que le voisinage des bouleaux blancs et seulement au bord des lacs ou rivières.

Dans ce contexte on parle aussi de « plantes invasives ». Il s'agit de l'une des causes les plus importantes de l'érosion de la diversité de la flore contemporaine.

Mais sur le plan de la faune, ce sont bien les êtres humains qui, ayant progressivement investi tous les milieux de la planète, sont devenus l'espèce invasive globale.

*

J'apprends aujourd'hui qu'une grande amie, que j'ai vue récemment, une jeune femme élégante et gracieuse, jusque-là resplendissante de santé et d'enthousiasme, se meurt dans les atroces douleurs d'un cancer généralisé.

Oui, il faut mourir. Il le faut pour que le « ça peut » advienne. Le calvaire d'Isabelle me trouble profondément. Je n'arrive pas à m'y faire. Mais pourquoi de telles douleurs ? Le « ça » n'aurait-il pas pu faire autrement ?

Il faut nous y faire et affronter le tragique de la vie.

Les saumons remontent le cours du fleuve où ils sont nés pour pondre leurs œufs. Là-haut les attendent les ours affamés… La mort du saumon s'inscrit dans ce rituel qui se reproduit depuis des millions d'années. Il procure à l'ours l'énergie qu'il lui faut pour vivre et assurer sa descendance. Dans ces eaux furieuses, les destins de ces deux espèces animales se rencontrent pour la poursuite de l'histoire de l'Univers.

*

Qui mieux que le poète peut nous faire ressentir le prix du vouloir et du pouvoir, sources de tragédies et de souffrances ?

Louis Aragon, chirurgien des troupes pendant la Première Guerre mondiale et témoin de l'immense carnage, écrivit ces mots :

Tu n'en reviendras pas toi qui courais les filles
Jeune homme dont j'ai vu battre le cœur à nu
Quand j'ai déchiré ta chemise, et toi non plus
Tu n'en reviendras pas, vieux joueur de manille
Qu'un obus a coupé par le travers en deux
Pour une fois qu'il avait un jeu du tonnerre
Et toi le tatoué, l'ancien légionnaire
Tu survivras longtemps sans visage sans yeux.

*

Les dernières minutes avant la nuit sont souvent pour moi des instants de grande ambivalence. J'hésite entre la reconnaissance pour tout ce que j'ai reçu et la vision de ceux qui n'ont rien reçu. Remercier, mais qui ? Et comment accepter la misère qui sévit partout dans le monde ?

Une chanson de Violeta Parra, artiste chilienne, me revient en mémoire, *Gracias a la vida* (« Merci à la vie ») :

Merci à la vie qui m'a tant donné
Elle m'a donné le rire et elle m'a donné les pleurs
Ainsi je distingue le bonheur de la détresse,
Merci la vie qui m'a tant donné !

*

Oui c'est l'expression qui me convient : Merci la vie qui m'a tant donné ! Le vouloir et le pouvoir qui en résulte amènent avec eux un nombre considérable d'éléments qui constituent la trame et la richesse de la vie des individus et des sociétés.

Par la nécessité imposée à tous d'acquérir de l'énergie pour durer dans l'existence, le vouloir se coordonne autour de la rencontre ; à la fois le plus merveilleux et le plus litigieux cadeau issu de cette situation. Aussi bien pour les insectes que pour les mammifères et les plantes, le vouloir ne saurait se décliner dans la solitude.

La rencontre donne naissance à l'amitié sous toutes ses formes, à l'amour, courtois ou passionné, à la vie familiale et à la fête au village. Et dans sa forme la plus sublime : la grossesse et la naissance de l'enfant. Elle crée les conditions de la musique (figure p. 123). Des personnes s'assemblent pour faire revivre les moments de créativité des compositeurs vivants ou disparus.

L'humanité à son meilleur !

*

La vie sociale favorise le développement mental sur le thème de la rencontre. Voici deux éléments qui illustrent bien son rôle dans l'acquisition des facultés mentales.

Il y a environ trois millions d'années, un événement s'est passé sur la Terre, dont l'influence ne cesse de grandir et qui risque de coûter cher.

Une espèce animale a vu croître ses facultés mentales d'une façon énorme par rapport à celles de ses congénères. Il s'agit de nos plus lointains ancêtres, les premiers hominiens, proches parents des chimpanzés.

Les causes de cette évolution exceptionnelle font l'objet de nombreuses discussions chez les spécialistes, sans qu'aucun accord ne soit établi aujourd'hui.

Cet accroissement rapide des capacités intellectuelles a été accompagné d'une augmentation spectaculaire du volume du cerveau. Il est vraisemblable que les deux progressions soient

Le vouloir ne saurait
se décliner
dans la solitude

liées. Ici, contentons-nous de reconnaître que ce phénomène allait changer l'histoire de la vie sur notre planète.

Des études récentes confirment l'importance des rencontres et des interactions dans la croissance de la complexité. L'espèce humaine est la seule parmi les mammifères où trois générations successives – enfants, parents, grands-parents – arrivent à vivre ensemble pendant des périodes prolongées. Cette coexistence est un terreau fertile, favorable à des échanges multiples qui caractérisent l'espèce humaine et vont dans le sens du développement de ses facultés.

La pie est un oiseau reconnu dans les laboratoires d'ornithologie pour ses talents exceptionnels à résoudre des problèmes. Ces oiseaux vivent en colonies plus ou moins nombreuses, jusqu'à quelques dizaines. Une étude récente a montré que les individus des groupes les plus nombreux sont nettement plus habiles que les autres à résoudre des problèmes de laboratoire. Cette supériorité se reflète également dans l'augmentation de la taille de leurs cerveaux par rapport à celui des membres de groupes moins nombreux.

7.
Ça risque

Le vouloir est mis en danger par sa propre puissance. La sixième extinction et l'arsenal nucléaire sont les principales menaces.

*

Dans les chapitres qui précèdent, nous avons observé cet immense spectacle du « vouloir » qui s'offre à notre regard partout sur notre planète. Nous constatons les extraordinaires prouesses (chapitre 5) que ce vouloir a réalisées au moyen des multiples optimisations qui ont joué des rôles de premier plan dans la structuration de la matière.

Nous avons reconnu son coût pour tous les êtres qui sont impliqués dans son activité débordante ; les bonheurs et aussi les douleurs qui les accompagnent tout au long de l'existence.

Nous abordons maintenant un aspect plus tragique de cette belle histoire : les risques que lui fait courir sa propre puissance. Les humains ont appris à maîtriser les forces de la nature et sont maintenant en possession d'instruments qui pourraient les amener à s'auto-exterminer.

*

J'ai vécu la période de la guerre froide pendant mes années d'études aux États-Unis, au milieu du XXe siècle. J'en ai gardé des souvenirs dramatiques. L'ambiance par moments frisait l'hystérie ou le désespoir fataliste. On parlait de sous-marins soviétiques chargés de bombes atomiques qui se dirigeaient vers l'Amérique. On évaluait les dégâts que provoqueraient leurs explosions. Les bombes d'un seul sous-marin auraient suffi pour pulvériser New York !

Je me souviens de la réflexion d'un professeur : « J'arrive du restaurant où j'ai pris mon café. J'ai entendu des gens qui parlaient de leurs projets. J'avais envie de leur dire : "Il est trop tard pour cela. À tout instant nous risquons de disparaître. Avez-vous vu les photos d'Hiroshima après son bombardement ?" »

Telle était l'atmosphère dans les corridors du département de physique où, par ailleurs, on présentait les meilleures théories sur la naissance de l'Univers ou sur l'apparition de la vie sur Terre. Une si belle histoire était-elle condamnée à se terminer aussi stupidement ?

*

La question qui se pose à nous est celle-ci : l'humanité est-elle en mesure de s'adapter à elle-même ? Ou bien est-elle irrémédiablement condamnée à s'éliminer, comme elle a bien failli le faire pendant la guerre froide ? Elle est menacée sur deux plans différents : l'armement nucléaire (figures p. 106-107) et la détérioration de son habitat (figure p. 111).

L'histoire des conflits humains, étalée sur quelques milliers d'années, nous apporte sur ce sujet des informations instructives.

Une première réponse à notre question vient du fait qu'actuellement la période d'absence de guerre à l'échelle mondiale dure depuis plus de soixante-dix ans. Après deux guerres, aussi mortifères l'une que l'autre, on peut dire que nous vivons aujourd'hui – à notre échelle de temps – la période paisible vraisemblablement la plus longue de l'histoire de l'humanité – malgré les combats meurtriers qui se déroulent en maints endroits du globe.

*

On constate d'un côté une régression de la violence chez les humains au cours des derniers millénaires. Elle est confirmée par l'étude statistique au fil des siècles des traces de blessures observées sur les squelettes des fosses communes (Stephen Tinker). Il apparaît qu'à l'échelle de milliers d'années, la fraction des humains victimes des guerres et de la criminalité est en forte diminution.

Le prestige de Mars, le dieu de la guerre dans la mythologie romaine, semble avoir largement décliné. L'humanité devient de moins en moins violente et cela est certes un élément d'espoir.

Hiroshima et Nagasaki (6 et 9 août 1945). Les risques de coexistence avec un arsenal nucléaire.

*

De l'autre, et d'une façon assez paradoxale, on assiste à l'augmentation progressive du pouvoir destructeur des armes. La séquence comprend successivement : bâtons, jets de pierres, frondes, épées, fusils, canons, et bombes atomiques… L'équilibre de la terreur a sans doute joué un rôle dissuasif pendant la guerre froide.

On a eu récemment l'exemple de la prise de bec entre le président coréen Kim Jung-Un et le président des États-Unis, Donald Trump. Après avoir chacun brandi la menace de leurs fusées nucléaires, ils se sont retrouvés à Singapour pour se serrer la main. La guerre fait peur. Il pourrait bien ne pas y avoir de vainqueur !

Pourtant il serait imprudent de croire que la puissance des arsenaux suffirait à être dissuasive. Des comportements irrationnels sont toujours à craindre. L'hypothèse d'une hécatombe nucléaire demeurera possible aussi longtemps que les arsenaux nucléaires continueront à exister.

*

Imaginons que, parmi les exoplanètes découvertes aujourd'hui, plusieurs soient habitées par des civilisations qui auraient vécu des histoires semblables à la nôtre. Ayant construit des armes d'une grande puissance, elles se trouveraient maintenant confrontées, comme nous, au problème de l'auto-élimination ; une sorte d'« examen de passage » que toute civilisation aurait à subir pour rester dans l'existence.

Deux scénarios d'avenir seraient alors possibles. Le premier serait celui d'une planète qui aurait passé cet examen avec succès. Enrichie de toutes les innovations que le génie de ses habitants continuerait à concevoir, elle serait verte, couverte d'une végétation exubérante. Le deuxième scénario serait celui d'une civilisation victime de sa puissance. Sa planète serait grise, couverte de ruines et de débris éventuellement radioactifs.

Ainsi notre galaxie se peuplerait progressivement de planètes vertes ou grises, vestiges que l'activité du vouloir cosmique aurait laissés derrière elle.

Quel sera notre futur ? À nous de jouer (figure p. 127).

*

Jane Goodall est une éthologue qui a vécu avec les chimpanzés en Afrique pour les étudier dans leur milieu naturel. Ses observations ont bouleversé notre connaissance de ces animaux que l'on croyait parfaitement pacifiques. Un incident en particulier a pris une signification d'une grande importance. Un jour, elle a vu le groupe de chimpanzés avec lequel elle vivait se séparer en deux. Puis, quelque temps plus tard,

Un pont sur une rivière asséchée. Notre planète pourrait devenir inhabitable.

elle a assisté à une guerre meurtrière, d'une violence inouïe, entre ces deux groupes. Un tel événement chez ces primates d'une lignée animale très voisine de la nôtre suffit à remettre en question l'idée d'un passé humain de « bons sauvages » chère au philosophe Jean-Jacques Rousseau au XVIIIe siècle.

Les observations de Steven Tinker, en association avec celles de Jane Goodall, peuvent-elles être considérées comme des signes chez les primates, à l'échelle de milliers d'années, d'une pacification progressive à partir d'états initiaux de grande violence ?

*

L'être humain avec sa prodigieuse intelligence existe depuis moins de trois millions d'années. Pendant ce temps il a trouvé les moyens de se mettre en danger, de s'éliminer lui-même avec ses propres inventions. Les tortues existent depuis deux cents millions d'années (figure p. 114).

Si on leur demandait leur recette de longévité elles pourraient répondre : « Vivre en harmonie avec la nature. » Sur ce point, au palmarès des espèces vivantes, nous humains, sommes à la dernière place, tout en bas de l'échelle. Si nous n'apprenons pas la leçon des tortues, nous risquons fort de périr.

Message des tortues :
les espèces qui durent
sont celles qui savent
vivre en harmonie
avec la nature

8.
Responsabilité

Tout au long de ce livre, nous avons choisi de considérer l'affrontement des gnous (figure p. 9) comme une manifestation de l'existence d'une vaste pulsion de structuration de la matière cosmique qui se poursuivrait depuis le Big Bang.

Quel crédit peut-on accorder à cette proposition ? N'est-elle rien de plus qu'une expression de notre irrépressible tendance à voir du sens partout et, au besoin, à en inventer ?

Pour poursuivre cette discussion, il est intéressant ici de rappeler un important chapitre de l'histoire des sciences, celui de la découverte de la force de gravité au XVIIIe siècle par Isaac Newton. Cette découverte naît d'une question que Newton se pose à propos de la Lune. Il s'interroge sur le fait que la Lune, qui tourne autour de la Terre, et la pomme, qui tombe du pommier, ont un point en commun : toutes deux sont soumises à une accélération qui est proportionnelle à l'inverse carré de leurs distances au centre de la Terre.

Pour expliquer cette égalité, Newton propose l'existence d'une force universelle : la gravité qui agirait sur toute matière. Cette intuition lui permet alors de développer la mécanique céleste, théorie qui est confirmée par de nombreuses observations, ainsi que par des prédictions réussies, dont celle de la date du retour de la comète de Halley en 1759. Cette notion a ainsi fait la preuve de sa pertinence, de son adéquation à décrire le réel.

Comme l'idée de la force de gravité, celle de la pulsion de structuration se manifeste partout dans l'Univers. Mais contrairement à la gravité, aucune égalité numérique ne vient l'imposer à notre jugement. Cela reste son point faible.

Pourtant, il y a bien un domaine où l'hypothèse de l'existence de la pulsion de structuration universelle me semble pouvoir être affirmée. C'est qu'elle rend compte, au moins qualitativement, de la différence entre le magma instructuré des premiers temps du cosmos et la remarquable harmonie d'aujourd'hui. Elle donne de la cohérence au déroulement de l'histoire de l'Univers.

En ce sens, si ce scénario ne reçoit pas de preuve formelle, il ne rencontre pourtant aucune objection observationnelle. Il reste parfaitement compatible avec les connaissances présentes. On peut y croire, même si rien ne l'impose. Il peut donc être adopté en tant que « vision du monde » par tous ceux qui veulent croire que la réalité a une cohérence. Et qu'elle n'est pas le fruit du pur hasard.

Charles Baudelaire évoquait ces « cœurs tendres qui haïssent le néant vaste et noir ». J'en fais partie.

*

Dans la perspective développée au fil de ces pages, on serait tenté de voir dans l'histoire de l'Univers la réalisation d'un projet qui consisterait à structurer une matière initialement informe et à la porter à des niveaux toujours croissants de complexité. Le fameux « élan vital » ! Des amis qui ont lus ces pages me demandent : « Est-ce que tes propos ne suffisent pas à justifier l'existence d'un projet dans la nature ? »

Attardons-nous d'abord sur le sens des mots. Il ne s'agirait pas ici d'un projet au sens de l'ingénieur qui a élaboré un programme et dont les moindres étapes sont codifiées à l'avance, mais au sens du bricoleur qui ne connaît au départ que son but. Comme l'aviateur des premiers temps qui veut voler, il ne possède aucun « mode d'emploi ». Il procède par essais et erreurs. Pour lui, le hasard est un partenaire bien accueilli.

Certes, me fait remarquer un ami, cet élargissement du terme « projet » n'est cependant pas sans impliquer l'existence pour la nature d'un but, d'une visée.

Je sais que cette idée est très impopulaire chez de nombreux scientifiques. Je pense cependant qu'en abordant ces questions il importe de rester ouvert à toutes les réponses. Sinon nous risquons de faire fausse route. Ne rien exclure *a priori*.

Si l'on veut trouver une interprétation philosophique plus adaptée à la situation, on peut chercher dans les intuitions du philosophe hollandais Baruch Spinoza. Pour lui, la divinité se confond avec le cosmos. Il ne s'agit donc pas de deux êtres distincts mais d'une entité unique. Cette conception de la réalité est devenue de plus en plus populaire chez nombre de scientifiques dont, en particulier, Albert Einstein et John Wheeler. Personnellement, elle me va très bien. Je recommande aussi les écrits et les vidéos d'Henri Atlan, un homme qui a longuement réfléchi sur ces questions et développé des idées intéressantes.

*

Les fourmis connaissent, dès leur naissance, les tâches qui leur sont assignées (militaires, reines, ouvrières, etc.). Pas nous... Nous devons en décider par nous-mêmes.

Heureusement les connaissances scientifiques peuvent nous venir ici en aide. Voici trois informations qu'il est intéressant d'associer pour aborder ce sujet.

– La première porte sur l'existence de cette pulsion de structuration dont nous avons discuté l'existence dans ces pages. Résumons-nous : notre cosmos est le lieu d'une bourdonnante activité qui a donné naissance, à partir d'un magma instructuré, à une multitude d'organismes, allant des atomes aux galaxies et des virus aux papillons.

– Seconde information. Nous sommes indissolublement liés à la grande aventure de la complexité cosmique. Nous devons notre existence à d'innombrables événements, galactiques, stellaires, planétaires, qui ont façonné notre merveilleux corps humain. Nos vies sont des chapitres de la grande histoire de l'Univers. Nous contribuons pendant notre existence à en modeler les épisodes. C'est à ce titre que pourrait être affirmée l'existence de nos responsabilités.

– La troisième information touche à la situation présente de notre civilisation. Ici, la belle histoire de la complexité croissante prend une tournure inquiétante. Elle nous raconte la menace de la sixième extinction qui pourrait rendre notre planète stérile et inhabitable.

Nous allons combiner ces trois informations pour tenter de définir notre responsabilité et nos devoirs vis-à-vis du cosmos.

Je suggère que la réponse peut se décliner dans les termes suivants : *Dans la mesure de nos moyens, il nous revient de nous associer aux efforts immenses qui se poursuivent aujourd'hui pour garder notre maison habitable et agréable.*

C'est la condition indispensable pour permettre au « vouloir » du cosmos de poursuivre et développer sa grandiose créativité vers de nouvelles prouesses.

Sinon, quel gâchis !

*

Le rôle de l'artiste est d'embellir le monde (figure p. 123).

Il offre aux hommes des œuvres nouvelles qui les enchantent pour les siècles à venir. Il y a quelques siècles à peine, les cantates de Bach, les quatuors de Mozart et les lieder de Schubert n'existaient pas. Ni les tournesols de Van Gogh. Ni les poèmes de Verlaine. Ces créations n'avaient pas encore enrichi nos jours de ces instants de bonheur.

En élevant l'âme des humains, les créations artistiques sont en mesure de jouer un rôle important dans la neutralisation des instincts guerriers et l'établissement d'une paix mondiale dans les siècles à venir.

Toutes ces observations nous invitent à penser que l'amélioration de l'espèce humaine est une réalité, même si elle rencontre des failles et des rechutes.

L'existence des mouvements humanitaires – Croix-Rouge, Amnesty International… –, l'abolition de la peine de mort, etc., confirment ce mouvement en avant, cette amélioration du comportement de notre espèce, ce progrès, non seulement technique mais aussi moral. Et cela s'étend même à la protection des non-humains.

Une si belle histoire
est-elle condamnée
à se terminer stupidement ?

L'humanité est-elle
en mesure de s'adapter
à elle-même ?

Les créateurs artistiques embellissent notre vie.

*

Ce matin, une abeille est venue tourner autour de mon bol de céréales. Ma première réaction a été de la chasser. Mais aussitôt je me ravisai !

Car il y a une autre façon de vivre cet instant. Il s'agirait de considérer cette abeille, non comme une intruse, mais plutôt comme un être qui m'accompagne dans l'existence. Tout comme le grand saule au-dessus de l'étang, les hirondelles sillonnant le ciel et le merle chantant sur une haute branche partagent avec moi la grande aventure de la vie. Des compagnons de voyage dans ce parcours qui est notre mystérieuse destinée.

Ne serait-ce pas là ce que voudrait dire l'expression : « Habiter poétiquement le monde » ?

*

On me demande souvent quelle impression me reste après avoir médité sur toutes ces questions.

Je réponds : j'ai l'impression, en vivant ma vie, de participer à quelque chose de grandiose qui me dépasse mais dont le sens m'échappe. Je ne perds pas espoir d'en apprendre plus un jour, posthume ou non. Qui sait ?

Dans ce ciel étoilé combien d'exoplanètes vertes ? Combien d'exoplanètes grises ? De quelle couleur sera notre Terre ?

Le petit-enfant de la photo de couverture est l'un de mes petits-fils. Il se nomme Noé. Son prénom est celui de ce personnage, qui, selon l'histoire biblique, a sauvé la biodiversité à son heure.

Brève bibliographie

Louis ARAGON, *Le Roman inachevé*, « La guerre, et ce qui s'ensuivit », Gallimard, 1956.

Henri BERGSON, *L'Évolution créatrice*, 1907.

Jare DIAMOND, *L'Effondrement. Comment les sociétés décident de leur disparition ou de leur survie*, Gallimard, [2005] 2006, Folio essais 2009.

Jean-Henri FABRE, *La Vie des insectes*, « Les prouesses des bousiers », 1910.

Pierre HADOT, *Le Voile d'Isis. Essai sur l'histoire de l'idée de nature*, Gallimard, 2004.

John HORGAN, *The End of Science. Facing The Limits Of Knowledge in the Twilight of the Scientific Age*, Basic Books, [1996] 2015.

Frédéric LENOIR, *Le Miracle Spinoza. Une philosophie pour éclairer notre vie*, Fayard, 2017 ; Le Livre de Poche, 2019.

Stephen PINKER, *La Part d'ange en nous. Histoire de la violence et de son déclin*, Les Arènes, [2011] 2017.

Addy PROSS, *What is Life. How Chemistry Becomes Biology*, Oxford University Press, 2016.

Arthur SCHOPENHAUER, *Le Monde comme volonté et comme représentation*, 1816.

Crédits

Page 9. © Martin Harvey/Getty ; page 12. © Orlando Florin Rosu/Alamy/Photo12 ; page 15. © DR ; page 21. © Istock/Getty ; page 25. © NASA ; page 29. © NASA/ESA ; page 30, gauche. © NASA ; droite. © Benoît Reeves; page 37. © NASA/ESA, and M. Livio and the Hubble 20th Anniversary Team (STScl) ; page 40-43. © NASA ; page 49. © Istock/Getty ; page 57. © NASA ; page 65. © Garradd, Gordon/Science Photo Library ; page 75, 77. © Getty ; page 78. © Louis Marmorat ; page 79. © Patricia Aubertin ; page 89. Istock/Getty ; page 93. © Photo12/Alamy/Zoonar GmbH ; page 94. © Getty ; page 96. © Corbis Documentary/Getty ; page 106. © Giancarlo Costa/Bridgeman Images ; page 107 © Everett Historical/Shutterstock ; page 110. © Stéphane Mahé/Reuters ; page 114. © Getty ; page 123. © Ariane Le Roux. Ensemble Calliopée, « Cosmophonies » : Karine Lethiec, direction artistique, Maud Lovett, violon, Diana Ligeti, violoncelle, Anne-Cécile Cuniot, flûte, Frédéric Lagarde, piano ; page 127. © NASA ; page 129. © Jacques Very.

ISBN 978-2-02-145211-2

Du même auteur
Aux mêmes éditions

Patience dans l'azur
L'évolution cosmique
Seuil, « Science ouverte », 1981
et « Points Sciences » n° 55, 1988

Poussières d'étoiles
Seuil, « Science ouverte », 1984 (album illustré)
et « Points Sciences » n° 100,
nouvelle édition revue et mise à jour, 2009
et Point Deux, 2011

L'Heure de s'enivrer
L'univers a-t-il un sens ?
Seuil, « Science ouverte », 1986
et « Points Sciences » n° 84, 1992, 2007

Malicorne
Réflexions d'un observateur de la nature
Seuil, « Science ouverte », 1990
et « Points Sciences » n° 179, 2007

Compagnons de voyage
(photographies de Jelica Obrénovitch)
Seuil, « Science ouverte », 1992 (album illustré)
et « Points » n° P542, 1998

Dernières nouvelles du cosmos
Seuil, « Science ouverte », 1994
et « Points Sciences » n° 130,
nouvelle édition revue et mise à jour, 2002

L'espace prend la forme de mon regard
(photographies de Jacques Very)
Seuil, 1999
et « Points Sciences » n° 173, 2006

La Plus Belle Histoire du monde
(en collaboration avec Yves Coppens,
Joël de Rosnay et Dominique Simonnet)
Seuil, 1996
et « Points » n° P897, 2001

Oiseaux, merveilleux oiseaux
Les dialogues du ciel et de la vie
Seuil, « Science ouverte », 1998
et « Points Sciences » n° 154, 2003

Mal de Terre
(en collaboration avec Frédéric Lenoir)
Seuil, « Science ouverte », 2003
et « Points Sciences » n° 164, 2005, 2015

Chroniques du ciel et de la vie
Seuil/France Culture, 2005
et « Points Sciences » n° 191, 2010

Soleil : Histoire à deux voix
(en collaboration avec Jacques Very,
Éliane Dauphin-Lemierre et les enfants d'un CES)
Seuil Jeunesse, 2006

Chroniques des atomes et des galaxies
Seuil, 2007
et « Points Sciences », n° 200, 2011, 2018

Je n'aurai pas le temps
Mémoires
Seuil, « Science ouverte », 2008
et « Points Sciences » n° 205, 2012

Arbres aimés
(photographies de Jacques Very)
Seuil, 2009 (album illustré)

L'Univers expliqué à mes petits-enfants
Seuil, « Expliqué à… », 2011
et 2012 (album illustré)

Là où croît le péril… croît aussi ce qui sauve
Seuil, « Science ouverte », 2013
et « Points Sciences » n° 219, 2015

La Mer expliquée à nos petits-enfants
(en collaboration avec Yves Lancelot)
Seuil, « Expliqué à… », 2015

J'ai vu une fleur sauvage
L'herbier de Malicorne
(photographies de Patricia Aubertin)
Seuil, « Science ouverte », 2017
et « Points » n° 4986, 2019

Le Banc du temps qui passe
Méditations cosmiques
Seuil, « Science ouverte », 2017
et « Points Sciences », 2020

Je chemine avec Hubert Reeves
(entretiens menés par Sophie Lhuillier)
Seuil, 2019

La Terre vue du cœur
(avec Frédéric Lenoir, Iolande Cadrin-Rossignol
et Marie-Dominique Michaud)
Seuil, 2019

RÉALISATION : NORD COMPO À VILLENEUVE-D'ASCQ
IMPRESSION : POLLINA À LUÇON
DÉPÔT LÉGAL : OCTOBRE 2020. N° 145211
Imprimé en France